Ueber das
Verhältniß des modernen Lebens zur Natur.

Von

Ernst Rudorff.

Abdruck a. d. Märzheft 1880 der „Preußischen Jahrbücher".

Berlin.

Druck und Verlag von G. Reimer.

1880.

Seit einiger Zeit durchläuft die öffentlichen Blätter eine Notiz des Inhalts: es sei der Plan gefaßt worden, auf den Drachenfels, den berühmtesten Punkt des rheinischen Siebengebirges, eine Eisenbahn nach dem Muster der Rigibahn zu bauen; das Project nähere sich jetzt seiner Verwirklichung, die Vorarbeiten seien bereits begonnen und die obrigkeitliche Concession werde dem Unternehmen hoffentlich nicht fehlen. Dieses Alles natürlich, ohne daß bis heute irgendwo nur eine leiseste Andeutung darüber laut geworden wäre, daß das angepriesene Unternehmen auch eine Kehrseite haben könnte. —

Mit der Natur und den Denkmälern der Geschichte, die in gewissem Sinne, so weit sie malerisch und poetisch wirken, als ein Stück Natur gelten können, wird heutzutage ein eigenthümliches Doppelspiel getrieben.

Auf der einen Seite ignorirt man ihre Reize und tritt sie in grausamer Rücksichtslosigkeit um des materiellen Vortheils willen mit Füßen.

Im Plauenschen Grund bei Dresden, dessen Lieblichkeit einst Wilhelm Müller zu seinen reizenden Frühlingsgedichten begeisterte, ist im Lauf der Jahre ein Wald von Fabrikschornsteinen aus dem Boden emporgewachsen, die mit ihrem Qualm allen Duft der Poesie längst hinweggeräuchert haben, deren garstige, himmelhoch hinausgereckte Geradlinigkeit allem Malerischen Hohn spricht. Durch jedes noch so schöne, stille Gebirgsthal läßt man die Lokomotive sausen und pfeifen, um eine möglichst abgekürzte Route zwischen zwei entfernten Punkten zu haben; oder man legt den Schienenstrang so, daß er, wie an der „Loreley", die herrlichsten Felsenprofile durchbricht.

Kaum eine einzige kleinere oder mittelgroße deutsche Stadt ferner, deren behaglichem Charakter nicht geradezu ins Gesicht geschlagen würde durch die Plattheit, mit der sich allerlei moderne Bauspeculation mitten zwischen die gemüthvolle Architektur der alten Zeit drängt. Die alten Umwallungen werden planirt; ja selbst in Nürnberg, das vor allen übrigen bisher den Charakter des Mittelalterlichen bewahrt hatte, dessen Name deshalb in ganz Deutschland mit Ehrfurcht und Stolz genannt werden durfte, reißt man die mächtigen Stadtmauern mit ihren Thoren und Thürmen nieder, angeblich um dem Luftzug freieren Zutritt zur inneren Stadt zu verschaffen (was mit ein paar Durchbrechungen erreicht sein würde), in Wahrheit um Baustellen zu gewinnen, deren Verkauf bedeutende Summen Geldes einbringt.

Das Malerische und Poetische der Landschaft entsteht, wo ihre Elemente zu zwangloser Mischung verbunden sind, wie die Natur und das langsame Walten der Geschichte sie hat werden lassen. Je plötzlicher und gewaltsamer eine abstracte Theorie diesem Gewordenen aufgezwängt wird, je mathematischer sie verfährt, je radicaler sie die Scheidung jener Elemente in einzelne Kategorien vollzieht, die einem bestimmten praktischen Zweck dienen, um so sicherer vernichtet sie auch alle Physiognomie, allen Reiz individuellen Lebens. In Nord- und Mitteldeutschland ist man in diesem Sinn bemüht, gelegentlich der Verkoppelungen*) und Gemeinheitstheilungen das bunte, anmuthige Land zu einem möglichst kahlen, glatt geschorenen, regelmäßig geviertheilten Landkartenschema umzuarbeiten. Jede vorspringende Waldspitze wird dem Gedanken der bequemen geraden Linie zu Liebe rasirt, jede Wiese, die sich in das Gehölz hineinzieht, vollgepflanzt, auch im Inneren der Forsten keine Lichtung, keine Waldwiese, auf die das Wild heraustreten könnte, mehr geduldet. Die Bäche, die die Unart haben, in gewundenem Lauf sich dahinzuschlängeln, müssen sich bequemen, in Gräben geradeaus zu fließen. Der Begriff des Feldweges, als eines Fußpfades, der sich in ungekünstelter Linie bald zwischen wogenden Aehren, bald über ein Stück Wiese dahinzieht, wie ihn im Laufe der Jahrzehnte und Jahrhunderte das Bedürfniß hat werden lassen, hört für die Wirklichkeit auf zu existiren. Herrman und Dorothea treffen einander zukünftig auf dem „Koppelweg", d. h. einem endlos in schnurgerader Richtung das ebene oder unebene Terrain durchschneidenden Ackerfuhrweg von 10—20 Meter Breite, dem sein alter, ego der „Koppelgraben", das moderne Substitut für den ehemaligen Wiesenbach, getreulich zur Seite läuft. Bei der rechtwinkligen Eintheilung der Grundstücke fallen dann auch alle Hecken und einzelnen Bäume oder Büsche, die ehedem auf den Feldmarken standen, der Axt zum Opfer. Daß die Heerde und der Hirt verschwinden, ist die unmittelbare Folge der Gemeinheitstheilungen. Damit fällt das Bedürfniß nach schützender Einfriedigung der Wiesen und

---

*) Zusammenlegungen der bäuerlichen Grundstücke zum Zweck bequemerer Bewirthschaftung.

Aecker, die Nöthigung, neue Hecken anzupflanzen, fort und so ist dafür gesorgt, daß weder der Wanderer oder Arbeiter einen hübschen, schattigen Platz findet um auszuruhen, noch der Singvogel eine Stelle, an der er nisten mag.

In dem Allen offenbart sich ein schonungsloser Realismus, der da, wo das Aufopfern der ästhetischen Rücksicht mit nur einigem Verständniß und eben so viel gutem Willen zu vermeiden gewesen wäre, Barbarei genannt zu werden verdient, dessen Berechtigung aber in vielen anderen Fällen, wo eine dringende praktische Forderung dem Anspruch des Gemüths gegenüber steht, kaum wird angezweifelt werden können.

In scheinbarem Gegensatz hierzu steht es, wenn auf der anderen Seite zugestanden werden muß, daß vom Naturgenuß, vom Reisen in jeder Form und nach jedem erdenklichen Ziel noch niemals in der Welt so viel die Rede gewesen ist, als in unseren Tagen. Der Begriff des „Touristen" ist ein durchaus moderner. Aber, daß man einen solchen Begriff hat, daß man einen Sammelnamen erfindet für eine Gattung von Leuten, deren gemeinsames charakteristisches Merkmal in nichts Anderem besteht als darin, daß sie alle möglichen Schönheiten und Merkwürdigkeiten der Welt zu ihrem Amüsement aufsuchen und absuchen: dieser fatale Beigeschmack der Geschäftsmäßigkeit im Genießen, der dem Ausdruck anhaftet, deutet schon zur Genüge an, was von jener vermeintlichen größeren Verbreitung und Steigerung des ästhetischen Sinnes zu halten ist: Freilich man bietet die Romantik in jeder Zeitung, in hunderttausenden von rotheingebundenen Büchern aus, aber man vergißt, daß die Schönheit, die auf öffentlicher Gasse feilgeboten wird, bereits ihren wahren Werth verloren hat. Man feiert die Natur, aber man feiert sie, indem man sie prostituirt.

Ein vielgenannter, für seine Virtuosität im Reclamemachen übelberüchtigter Impresario drang wiederholt in einen unserer vornehmsten Künstler, sich einmal seinem Unternehmen anzuschließen. Als dieser ihn endlich damit abfertigen wollte, daß er ihm geradezu seinen Widerwillen gegen alles marktschreierische Anpreisen bekannte, suchte Jener ihn damit zu beschwichtigen, daß er ihm versicherte, er verfahre mit Jedem ganz nach seiner Individualität: von ihm werde er in den Ankündigungen nur sprechen als „von dem Edlen, dem Bescheidenen, dem Zurückhaltenden". Ganz auf dasselbe läuft es hinaus, wenn man für das „Idyllische" oder „Romantische" Reclame macht.

Eine wahre Manie hat die Welt ergriffen, die Natur in ihrem eigensten Wesen zu zerstören unter dem Vorgeben, daß man sie dem Genuß zugänglich machen will: eine Manie, ähnlich der Thorheit der

Kinder, die die rechte Freude an ihrem Spielwerk darin suchen, daß sie es zerbrechen.

Damit die Romantik der Heidelberger Schloßruine vollends zu jeder Tages- und Nachtzeit bequem gewürdigt werden könne, errichtet man zu allen bereits vorhandenen Restaurationslokalen noch ein Riesenhotel unmittelbar im Angesicht dieser Herrlichkeit. Nicht genug, daß ein Hotel durch sein Dasein überhaupt die Stätte schändet: das in Rede stehende Exemplar theilt zugleich mit den meisten seines Geschlechts die ausgesuchteste Nüchternheit, die hohlste Renommisterei des Styls. Niemals, auch dann nicht, wenn es selbst zur Ruine geworden ist, wird es einen erträglichen Anblick bieten; dafür sorgt die Magerkeit und Eintönigkeit seiner Grundformen, die Unsolidität des Materials. So bleibt also nur die eine Gewißheit, daß es sich in seiner Abgeschmacktheit allezeit breit genug machen wird, um nicht übersehen werden zu können.

Die wilde Einsamkeit des Bodethals im Harz soll „genossen" werden, und man baut zu besserer Erreichung dieses Zwecks colossale Gasthäuser oben und unten, macht aus dem alten, steilen, steinigen Fußpfad, der ehedem durch das Geröll zur Thalsohle führte, einen mit gelbem Kies bestreuten säuberlichen Promenadenzickzackweg, auf dem Jeder bequem auf- und abschlendern kann, führt über den schmalen reißenden Bach anstatt der ehemaligen schwanken Stege schwere, massige, hochgeländrige, mit hellbraunem Oelanstrich weithin leuchtende Brücken, deren Solidität auch von dem furchtsamsten Mädchen nicht mehr angezweifelt werden kann, und hat dann die Genugthuung, daß, so lange es gutes Wetter giebt, in billigen Extrazügen die Magdeburger, Leipziger und Berliner u. s. w. zu hunderten, oft tausenden herangeschwemmt werden, um sich wie ein zweiter Strom das enge Thal hinaufzuwälzen.

In dieselbe Kategorie des Naturkultus gehört auch der Plan, für den man, wie Eingangs berichtet worden ist, gerade augenblicklich Propaganda macht. Man will den Drachenfels, den man bereits zu Fuß, zu Pferde, zu Esel und zu Wagen in kurzer Zeit bequem ersteigen kann, auch noch mit einer Eisenbahn beschenken, damit unter dem allgemeinen Getümmel endlich auch der letzte Rest der Poesie, die Berg und Ruine ehedem umfloß, erstickt werde und verstumme.

Es ist offenbar: die beiden scheinbar entgegengesetzten Tendenzen der Zeit, hier das völlig gleichgültige Hinopfern der Schönheit im Drange praktischer Bestrebungen, dort das Ausbeutungs- und Abnutzungssystem des Touristenwesens berühren sich ebenso sehr im Resultat, als sie der nämlichen Wurzel entstammen, einer mehr und mehr ausschließlichen Herrschaft realistischer Lebensauffassung, deren natürliches Gegenbild zunehmende Grobsinnigkeit und Stumpfsinnigkeit auf idealem Gebiet sein muß.

Der Kellner auf dem Rigi fragt: „Wie befehlen Sie? Zuerst Souper und dann Sonnenuntergang, oder in umgekehrter Reihenfolge? Für beide Eventualitäten ist gesorgt.“ Der Sonnenuntergang rangirt neben Hummersalat und Champagner, Billardspiel und Conversation als einer der verschiedenen Artikel, die dazu bestimmt sind, dem Menschen auf amüsante Weise die Zeit todtschlagen zu helfen. Das erhabene Bild der Alpenkette hat den Rahmen für das elegante Treiben herzuleihen; es wird zur Decoration herabgewürdigt. Schließlich kommt kaum mehr allzuviel darauf an, ob der Effect von der Natur producirt oder mit Hülfe von Pappe, Farbentöpfen und allerhand Beleuchtungsapparaten künstlich hergestellt ist.

Die Schweiz ist das Musterland für den geschäftsmäßigen Betrieb des Naturgenießens. Sie steht nicht nur in Beziehung auf die Menge und Großartigkeit der Hotels, das Raffinement ihrer inneren Einrichtung, die Ausbeutung jeder irgendwie auffallenden einzelnen Natur-Erscheinung zum Zweck des Gelderwerbes obenan, sie hat ebenso im ausgedehntesten Maße und mit der geschicktesten Berechnung für das prompte Ineinandergreifen aller Beförderungen von einem Ort zum andern, für das Auskaufen und Sparen der Minuten gesorgt, so daß ihr denn auch der Ruhm zufällt, die erste Eisenbahn gebaut zu haben, die mit Hülfe einer besonders hierfür erfundenen Construction gerades Weges einen hohen Berg hinanführt. Der Rigi ist durch die Bahn, die im Sommer tagtäglich ganze Schwärme von Touristen jeder Nationalität, jedes Standes, Geschlechts und Alters den Berg heraufschleppt, noch mehr, als er es bereits war, zu einem Rendezvous-Platz der europäischen Gesellschaft geworden. Wenn Abends nicht ein Blick aus den Fenstern darüber belehrte, welche Höhe man erstiegen hat, so könnte man ebensogut meinen, man befände sich in einem der großen Hotels von Berlin, Paris oder welcher anderen Großstadt. Mag man sich freuen, daß es vermittelst dieser Eisenbahn Schwachen, Alten und Kranken ermöglicht worden ist, einmal Hochalpenluft zu trinken (wenn auch in unmittelbarer Nachbarschaft von Salonparfüm und Locomotivendampf); mag man ferner zugestehen, daß ein besonders ausgehungertes Gemüth auch unter so erschwerenden Umständen immer noch ein Plätzchen, einen Augenblick finden wird, wo es sich dem gewaltigen Eindruck des Panoramas ungestört hinzugeben vermag: im Großen und Ganzen bleibt es doch wahr, daß man den Rigi zu *vermeiden* hat, wenn man Natur haben will. Es ist hier wirklich gelungen, vor lauter Zurüstungen für den Naturgenuß so gut wie gar keine Gelegenheit übrig zu lassen, um im wahren Sinne des Wortes „Natur" zu genießen.

Doch die Schweiz ist groß und wenn es auch an den meisten ihrer weltberühmten Punkte, in Interlaken, am Gießbach, auf der Wengernalp, im Chamounix=Thal u. s. w. um Nichts besser steht, die Dimensionen der Alpen sind so ungeheure, die Frische ihrer Hochgebirgsnatur ist eine so tiefgrundige, daß es schwer halten möchte, sie in der That zu erschöpfen. Schlimmer sind unsere kleinen mitteldeutschen Gebirge daran. Hier ist das Verderben, wo es einmal Platz greift, radikaler und fühlbarer, weil das Einzelne näher zusammenrückt, weil man nicht, wie in den Alpen, rechts und links ausweichen kann. So sind gewisse hervorragende Partieen des Harzes, der sächsischen Schweiz, des Thüringer Waldes, der Rheingegenden zum Besten der Touristen und Sommerfrischler schon längst total verdorben; ihre Ursprünglichkeit ist bis auf die Neige vernichtet; der Rest aber dessen, was noch einigermaßen verschont geblieben, wird von Jahr zu Jahr kleiner.

Und was kommt für die Menschheit im Allgemeinen bei dieser Praxis heraus? — Sind wir poetischer, idealer geworden, seit das Reisen en masse in die Mode gekommen ist? Man müßte blind sein oder der Wahrheit geflissentlich den Rücken kehren, wenn man nicht zugeben wollte, daß gerade das Gegentheil der Fall ist. Die Majorität aus allen Schichten der Gesellschaft ist und bleibt trivial. Wenn diese Leute auf Reisen gehen, so wollen sie im Grunde nichts als einmal eine Veränderung des Lokals, um dann draußen dasselbe Treiben fortzusetzen, das sie zu Hause verlassen haben. Wer das nicht glauben will, der beobachte das Publikum, das die Fest= und Sonntagsextrazüge z. B. in den Harz transportiren. Wohl werden sich Ausnahmen finden. Bei den Meisten aber handelt es sich nur um eine Kneiperei in veränderter Form, höchstens zugleich um eine Befriedigung der Neugier. Hier wie dort dieselben Nichtigkeiten im Kopf und auf der Zunge, derselbe Plunder von Eitelkeit, Leichtfertigkeit, Albernheit, rein äußerlicher Vergnügungssucht; das Alles ist mit auf die Reise gegangen, und macht sich in freier Luft nur um so widerlicher breit. Ist es schön und richtig, daß zum Besten dieser Leute, für die ein brillanter Kaffeegarten vor der Stadt mit bunten Lampions, guter Küche, gutem Getränk und Tanzmusik der ganz entsprechende Aufenthalt wäre, eine Stelle wie das Roßtrappenthal banalisirt wird? Alle die Zurüstungen, die gemacht werden müssen, um solchem Publikum gefällig zu sein, alle die Spuren, die es zurückläßt, verwischen den ursprünglichen Charakter einer Gegend so vollständig, drücken ihr so deutlich das Gepräge des Entweihten, Verbrauchten auf, daß es einem feineren Sinn kaum gelingen wird, unter dem Bann dieser Eindrücke noch einigermaßen Empfänglichkeit für das zu bewahren, was nicht zerstört werden konnte. — Eine andere Gattung wiederum schwätzt und thut entzückt über das Idyllische einfacher, ländlicher Verhältnisse, und ist doch so wenig fähig, sich der erfrischenden Gesundheit solcher Eindrücke in Wahrheit hinzugeben, daß sie, statt der eigenen Verwöhnung Zwang anzuthun, für sich selbst den Anspruch erhebt, von all dem Apparat umgeben zu bleiben, den die Befriedigung verfeinerter Lebensbedürfnisse fordert, bis sie es glücklich soweit gebracht hat, daß Dank der ganzen importirten Wirthschaft die ursprüngliche Einfalt entweder völlig vernichtet ist oder halb erheuchelt fortbesteht.

Gewiß, ein Lehrling ehedem, der auf die Wanderschaft ging, ein Student, der zu Fuß die Welt durchstreifte, soweit Ferienzeit und Geldbeutel ihn kommen ließen, erfuhr mehr von Land und Leuten als ein heutiger Tourist, der sich auf Vermittelung von Stange's Reisebureau bis an die Enden der Lybien hat schieben lassen. Auch für die Gesundheit ist der Ertrag der modernen Reisemethode meistens nicht allzu groß; die Hast unterwegs verzehrt die Hälfte, der Rest von Erfrischung wird in dem Räderwerk des städtischen Getriebes nur allzu bald wieder zerrieben. Und — last not least — die ansässige Bevölkerung aller der Ortschaften und Distrikte, die dem Fremdenverkehr im großen Styl verfallen, trägt trotz des Geldes, das plötzlich von außen zuströmt, im Grunde nicht Gewinn sondern Schaden davon. Die neue Art des Erwerbens, die sich hier aufthut, ist theils eine zu unsichere, theils eine zu leichte; sie hat Etwas vom Spielgewinnst an sich. Zusehends lenkt damit die sociale Entwickelung auf faule, ungesunde Bahnen. Von einer gedeihlichen geistigen Einwirkung, die sich von den Gästen her dem Landvolk mittheilte, ist natürlich ebensowenig die Rede. Der Landmann pflegt nicht bewußt poetisch zu sein, obwohl ihn, ohne daß er sich darüber Rechenschaft geben mag, der Zauber der Natur, die ihn umgiebt, mit tausend Fäden festhält. Man würde aber sehr irren, wenn man meinte, die Touristenschwärmer mit ihrer Naturbewunderung brächten ihm nun die noch fehlende ästhetische Aufklärung, machten ihm seine Heimath etwa theuerer. Im Gegentheil: die Fremden machen ihm das Eigene fremd. Mit der ächten Liebe ist es vorbei, wenn der Gegenstand dieser Liebe zur Buhlerin geworden ist, die sich Jedem preisgiebt, dem darum zu thun ist, sie auf ihre Reize hin anzugaffen. Das hohle Treiben der Vergnüglinge wird den Leuten Anfangs halb unverständlich, halb verächtlich erscheinen; allmählich verstricken sie sich selbst hinein, und so gesellt sich zur Unsolidität der materiellen Existenz als zweite Frucht die sittliche Verkommenheit.

Ueber die rechte Art, wie die Natur in der Landschaft, in den Denkmälern der Vergangenheit u. s. w. empfunden werden kann und soll, hat Schiller im Eingang seines Aufsatzes „über naive und sentimentalische Dichtung" ein paar Andeutungen gegeben, die als wahrhaft goldene Worte hier ihre Stelle finden mögen. Er sagt:

„Es giebt Augenblicke in unserem Leben, wo wir der Natur in Pflanzen, Mineralien, Thieren, Landschaften, sowie der menschlichen Natur in Kindern, in den Sitten des Landvolks und der Urwelt, nicht weil sie unseren Sinnen wohlthut, auch nicht, weil sie unseren Verstand oder Geschmack befriedigt (von beiden kann oft das Gegentheil stattfinden), sondern blos weil sie Natur ist, eine Art von Liebe und von rührender Achtung widmen. Jeder feinere Mensch, dem es nicht ganz und gar an Empfindung fehlt, erfährt dieses, wenn er im Freien wandelt, wenn er auf dem Lande lebt, oder sich bei den Denkmälern der alten Zeiten verweilet, kurz, wenn er in künstlichen Verhältnissen und Situationen mit dem Anblick der einfältigen Natur überrascht wird. Dieses nicht selten zum Bedürfniß erhöhte Interesse ist es, was vielen unserer Liebhabereien für Blumen und Thiere, für einfache Gärten, für Spaziergänge, für das Land und seine Bewohner, für manche Produkte des fernen Alterthums und dergleichen zum Grund liegt; vorausgesetzt, daß weder Affektation, noch sonst ein zufälliges Interesse dabei im Spiele sei. . . ."

„Es sind nicht diese Gegenstände, es ist eine durch sie dargestellte Idee, was wir in ihnen lieben. Wir lieben in ihnen das stille schaffende Leben, das ruhige Wirken aus sich selbst, das Dasein nach eigenen Gesetzen, die innere Nothwendigkeit, die ewige Einheit mit sich selbst. Sie sind, was wir waren; sie sind, was wir wieder werden sollen. Wir waren Natur, wie sie, und unsere Kultur soll uns auf dem Wege der Vernunft und der Freiheit zur Natur zurückführen. Sie sind also zugleich Darstellung unserer verlorenen Kindheit, die uns ewig das Theuerste bleibt; daher sie uns mit einer gewissen Wehmuth erfüllen. Zugleich sind sie Darstellungen unserer höchsten Vollendung im Ideale, daher sie uns in eine erhabene Rührung versetzen. . . .

Da sich dieses Interesse für Natur auf eine Idee gründet, so kann es sich nur in Gemüthern zeigen, welche für Ideen empfänglich sind, d. h. in moralischen. Bei weitem die mehrsten Menschen affektiren es blos, und die Allgemeinheit dieses sentimentalischen Geschmacks zu unseren Zeiten, welcher sich, besonders seit der Erscheinung gewisser Schriften, in empfindsamen Reisen, dergleichen Gärten, Spaziergängen und anderen Liebhabereien dieser Art äußert, ist noch ganz und gar kein Beweis für die Allgemeinheit dieser Empfindungsweise."

Der Gesichtspunkt, von dem Schiller hier ausgeht, ist der entscheidende: er betont die moralische Seite der Naturempfindung. Ohne sie wird das nur Aesthetische darin mehr und mehr entwerthet; das Gefühl büßt dasjenige Element ein, was ihm recht eigentlich Tiefe und Adel verleiht; ja wir erleben es, wie dies ästhetische Genießen, wo ihm jener Hintergrund fehlt, allmählig bis zur völligen Verschwisterung mit dem rein materiellen herabsinkt.

Soll aber die Natur moralisch, d. h. reinigend und erhebend wirken, so muß sie vor Allem selbst unentweihte, unverfälschte Natur geblieben sein. „Könnte man einer gemachten Blume", so heißt es an derselben Stelle bei Schiller, „den Schein der Natur mit der vollkommensten Täuschung geben, ... so würde die Entdeckung, daß es Nachahmung sei, das Gefühl, von dem die Rede ist, gänzlich vernichten."

Nichts ist charakteristischer für den Durchschnittsstandpunkt der heutigen Naturschwärmer, als daß man beispielsweise im Radauthal einen großen künstlichen Wasserfall anlegt oder den Gießbach mit bengalischen Flammen beleuchtet.

Die Gelegenheiten zu einer wahrhaft reinen, ungetrübten Wirkung der Natur auf das Gemüth werden in immer beschränktere Räume zurückgedrängt. Die Bewegung, die dahin treibt, ist von den verschiedensten Seiten her eine übermächtige. Der Conflict zwischen realen und idealen Interessen hat sich in unserem Zeitalter zu einer Schärfe zugespitzt, von der man ehedem nichts wußte. Der Charakter der Arbeit, auch der scheinbar nüchternsten des Alltagslebens, war noch vor wenigen Menschenaltern ein solcher, daß er irgendwie eine künstlerische Verklärung zuließ. Die Maschine mit Allem, was in unmittelbarer Beziehung zu ihr steht, schließt diese Möglichkeit schlechterdings aus. Die Mühle, die Schmiede wird zum malerischen Motiv in der Landschaft. Die Fabrik ist und bleibt — aller Menzel'schen Virtuosität zum Trotz — nüchtern und häßlich. Das Handwerk, der Ackerbau in seiner alten patriarchalischen Form läßt sich besingen. Das Maschinenwesen in Verse zu bringen, wird Niemandem beifallen; wenigstens würden die Verse keine Poesie ergeben. Dort bleibt eben individuelle Lebensbethätigung; hier ist das Subject selbst völlig indifferent geworden: es dient nur dazu, den fertigen Mechanismus, d. h. ein an sich Todtes, äußerlich in Bewegung zu setzen. Und — „es schauert Leben vor dem Tod"; die Schönheit des natürlichen Lebens weist jede organische Verbindung mit diesen Dingen zu einer poetischen Gesammterscheinung unerbittlich zurück.

Doch die Errungenschaften der modernen Entwickelung auf technischem Gebiet verdienen als solche so viel Bewunderung, sind trotz des Fluches der Unschönheit, der auf ihnen lastet, ja trotz weit größerer Uebel, die sich an ihre Sohlen heften, zugleich in ihren positiven Wirkungen von so außerordentlicher Tragweite, daß jeder Widerstand, der sich im Allgemeinen gegen sie auflehnen wollte, ohne Gnade an der Gewalt der Thatsachen zerschellen müßte. Ebenso fordert das unnatürliche, ja ungeheuerliche und gefährliche Wachsen der Großstädte, das mit jener Entwickelung zusammenhängt, so gebieterisch eine Rückwirkung heraus, daß es nicht nur vergeblich, sondern auch grausam wäre, wollte man allen den Veranstaltungen entgegentreten, die es den gequälten, eingepferchten und verdumpften Menschen erleichtern, sich einmal in freier Natur zu erfrischen. Hat doch auch der Bruchtheil der wahrhaft Empfänglichen und Bedürftigen sein Maß an Naturfreude vielfach geradezu jenen Veranstaltungen zu danken, die auf geringe Baarschaft an Geld und Zeit Rücksicht nehmen.

Eines ruft das Andere, Ursachen und Wirkungen haben sich zu einem dichten, fast unentwirrbaren Gewebe verschlungen, und so wird eine eigentliche Lösung des Problems, beiden Seiten in vollem Maße gerecht zu werden, nicht mehr zu finden sein.

Ist aber das Vollkommene nicht zu erreichen, so schließt das nicht aus, daß geschieht, was geschehen kann; und es kann Viel geschehen.

Ein namenlos einseitiges Hervorkehren der materiellen Gesichtspunkte, ein völliges Ignoriren der idealen ist längst in der Behandlung aller hierher gehörigen Fragen an der Tagesordnung. Dieser Einseitigkeit müßte endlich ein Ende gemacht werden. Es müßten vor Allem alle diejenigen, denen irgendwie Macht und Beruf gegeben ist, in die Entwicklung der öffentlichen Angelegenheiten wirksam einzugreifen, lebendiger davon durchdrungen werden, daß es hier gilt, nicht nur mit dem Strom zu schwimmen, sondern ebenso sehr, wo es angezeigt ist, ihm einen Damm entgegenzusetzen; nicht nur zu fördern, was die laute Stimme der Majorität im Augenblick begehrt, sondern auch zu sorgen, daß der berechtigte Anspruch der Minderzahl nicht ohne Noth mit Füßen getreten werde, daß die Uebergriffe des derben Geistes der Zeit nicht in das Maßlose hinauswachsen.

In manchem Einzelnen können unsere Nachbarn uns zum Vorbild dienen. Frankreich ist uns in der verständnißvollen Erhaltung und Inventarisirung aller, auch der kleinsten Reste alterthümlicher Architektur weit voraus. Die Pietät der Engländer vor den Denkmälern ihrer Vergangenheit ist bekannt; die Feinsinnigkeit, mit der sie auf dem Lande wirthschaftliches und ästhetisches Interesse zu verbinden wissen, verdient ebenso sehr gerühmt zu werden. Hier ist der thatsächliche Beweis geliefert, daß eine hohe Kultur nicht nothwendig zur Mißhandlung der

Natur führen muß. Freilich England hat den ächten, wilden Wald leider längst eingebüßt, seine Holzungen sind eher Parks zu nennen. Aber in diesem Lande der Fabriken und der rationellen Landwirthschaft lebt neben dem praktischen Sinn ein so tiefes und allgemein ausgebildetes Gefühl für die Anmuth der Landschaft, daß das Land nicht etwa wie ein Magazin für ökonomische Produkte, sondern wie ein Garten aussieht. Aecker und Wiesen sind von üppigen Hecken eingefaßt, deren Vorhandensein so wenig als ein Abzug an materiellem Gewinn empfunden wird, daß nach officieller Schätzung 5 Procent des urbaren Landes von ihnen eingenommen werden. Eine Fülle einzelner frei und schön entwickelter Bäume oder Baumgruppen ist über das Land verstreut; auf den herrlich saftigen Wiesen, an den Ufern der Bäche, ja inmitten der Felder, überall beleben sie das Bild.

Man vergleiche damit das oben geschilderte Verfahren bei unseren Verkoppelungen, die wahrhaft beklagenswerthe Verunglimpfung unseres schönen Vaterlandes, die hier im größten Styl, ohne irgendwie nennenswerthen Widerspruch zu erfahren, fort und fort betrieben wird. Das Zusammenlegen der bäuerlichen Grundstücke ermöglicht Einheitlichkeit der Bewirthschaftung, regt damit zur Anstrebung höherer Bodenkultur an und bringt durch Regelung der Wasserabzüge und dergleichen unmittelbar unläugbare wirthschaftliche Vortheile mit sich. An manchen Stellen stehen diese Vortheile in keinem Verhältniß zu den bedeutenden Kosten, die das ganze umständliche Verfahren verursacht, und es läuft schließlich darauf hinaus, daß ein paar wohlhabende Leute gewinnen, während die Uebrigen die Zeche bezahlen. Doch sehen wir hiervon ab, und gestehen wir das Wünschenswerthe der Sache an sich für eine große Reihe von Gemeinden zu; warum kann nicht das wirthschaftlich Nöthige geschehen, ohne daß das landschaftlich Schöne achtlos geopfert wird? Daß das Begradigen der Bäche, das Jahrzehnte hindurch an der Tagesordnung war, nicht nur vom ästhetischen Gesichtspunkt aus eine Barbarei zu nennen ist, sondern in Folge des zu raschen Wasserablaufs, den es veranlaßt, die entschiedensten realen Nachtheile mit sich bringt, hat der kürzlich verstorbene Oberforstdirektor Burkhardt in Hannover nachgewiesen, und vielleicht ist seitdem in dieser Richtung ein kleiner Rückschlag eingetreten. Hier sollte nun im Wege der Instruktion ein für alle Mal Schicht gemacht werden, und ebenso den mit der Ausführung betrauten Commissionen auf das Strengste anbefohlen sein, daß die malerischen Formen der Waldgränzen, ihr Auslaufen in einzelne Baumgruppen und Gebüsch, kurz alle Eigenthümlichkeiten des Uebergehens von Wald zu Wiese und Feld zu schonen sind; daß man ferner von dem System der absoluten Geradlinigkeit und Rechtwinkligkeit in der Anlage der Wege abzusehen, und in erster Linie auch die Rücksicht auf möglichste Erhaltung des historisch Gewordenen in Betracht zu ziehen hat. Endlich müßte seitens der Regierung energische Anregung gegeben werden, die Hecken, wo sie in Folge der Neueintheilung haben weichen müssen, an anderer Stelle wieder anzulegen, Wiesen und Gärten regelmäßig damit einzufriedigen, auch einzelne Bäume und Büsche sei es zu erhalten, sei es neu anzupflanzen, und so nicht nur das Malerische der Landschaft zu fördern, sondern zugleich für die Erhaltung der Vögel Sorge zu tragen, denen ihre Brutstätten durch die Verkoppelung der Feldmarken nach heutiger Praxis fast vollständig genommen zu werden drohen.

Doch nicht nur eine Abwehr gilt es zum Besten des feiner empfindenden Bruchtheils der Gesellschaft, sondern noch mehr eine positive Sorge für das tiefer verstandene Gesammtgedeihen des Volkes. Das Erwachen einer ächten, lebendigen Pietät für die Natur, eine volle Würdigung alles dessen, was an erhaltenden, reinigenden Mächten in ihr beschlossen ist, könnte von einer so segensreichen Einwirkung auf die Entwickelung aller unserer Lebensverhältnisse sein, wie kaum etwas Anderes. Wenn man sich entschließen wollte, die gesunden, ursprünglichen Beziehungen des Menschen zur Natur, statt sie fortgesetzt zu zerstören, umgekehrt zu kräftigen, wo sie noch bestehen, sie wiederherzustellen und neu anzuregen, wo sie vernichtet sind oder überhaupt fehlen — es würde nicht nur dem Schwammgewächs des moderen Touristenwesens dadurch ein gutes Theil Nahrung entzogen: nein, geradezu eine Menge socialen Giftstoffs würde nach und nach in der sich neu bildenden Atmosphäre resorbirt werden. Es ist einmal irgendwo gesagt worden: „Jeder Mensch sollte einen Fleck Erde besitzen, den er sein eigen nennt“. Das ist viel verlangt und im buchstäblichen Sinn weder durchführbar noch nothwendig. Aber das ist die Wahrheit in dem Satz: Jeder Mensch sollte lernen *sich irgendwo zu Hause zu fühlen*. Diese Kunst, die sich ehedem von selbst verstand, kommt uns mehr und mehr abhanden. Sie wieder zu beleben, dafür Sorge zu tragen, daß die *Liebe zum heimathlichen Boden* wieder eine Macht werde im Volksleben, das müßte als eine der vornehmsten und dringendsten Aufgaben unserer Gesetzgebung, unserer Verwaltung angesehen werden.

Es gehört dazu vor Allem, daß man der Landbevölkerung das Land nicht verleidet, daß man vorzüglich die Aermeren nicht verführt, ihr Heil in der großen Stadt zu suchen. Das Prinzip der Ablösungen in einem bedeutenden Umfang aufzurichten, war gewiß seiner Zeit unvermeidlich; daß man es bis in die äußersten Consequenzen hinein verfolgt hat und noch immer weiter verfolgt, ist ebenso gewiß verhängnißvoll. Es geschieht immer wieder, daß gewisse Ideen, die von irgend einer Seite her einem augenblicklich stark empfundenen Bedürfniß entgegenkommen, nur um dieses einen Moments der Wahrheit willen von der Majorität mit einer solchen Leidenschaftlichkeit aufgegriffen, mit Wort und That in die Welt hinaus gepredigt werden, daß hier eine Weile jeder Widerspruch gegen die Einseitigkeit ihrer Herrschaft verstummt oder ungehört verhallt. Es ist, als ob die schwere Artillerie über ein Saatfeld dahinjagte; Besinnen und Erbarmen giebt es nicht. Endlich einmal muß aber doch Halt gemacht werden. Könnte es auf diesem Gebiet nicht geschehen, ehe der letzte Halm geknickt ist? Sollte man nicht, noch ehe es ganz und gar zu spät ist, zu der Einsicht kommen, daß man Gold wegwirft, um Kupferdreier aufzulesen? So lange der gemeinsame Besitz einer Gemeinde an Aengern und Weiden noch nicht getheilt ist, so lange hat jeder Zugehörige, auch der Aermste, wenigstens einen unveräußerlichen Besitz: das Recht, sein Vieh, sei es eine Kuh, ein paar Ziegen oder Gänse umsonst zu ernähren. Wird getheilt, so ist das Fleckchen Land, das dabei für ihn abfällt, bald genug verkauft, wenn die Noth an die Thür klopft. So lange eine Gemeinde das Recht hat, ihren Bedarf an Bau- und Brennholz alljährlich aus der Staatsforst sich anweisen, ihre Schweine unter den Eichen sich mästen zu lassen, ihre Kühe auf die Waldtriften zu treiben, wie im Harz, wo bis vor Kurzem das harmonische Geläut der Heerden von einem Ende des Gebirges zum anderen hinübertönte, da ist sie wohl geborgen. Hat sie sich erst „abfinden“ lassen, sei es mit baarem Gelde, sei es mit einem Stück Wald, das wiederum frei verkäuflich ist, so bedarf es nur eines gewissenlosen Bürgermeisters und einer leichtsinnigen Mehrheit, um das Geld zur Vertheilung unter die Einzelnen zu bringen, und damit die Wohlfahrt der Gesammtheit gründlich für alle Zeiten zu ruiniren. Noch Eins: die unmittelbare Folge der Ablösungen und Theilungen ist die Stallfütterung, deren national-ökonomische Vorzüge gepriesen werden. Da heißt es, man ziehe von den ehemaligen Aengern weit höheren Ertrag, man erreiche, daß Nichts von Dungstoffen ungenutzt verloren gehe, man spare die Groschen, die dem Hirten als Lohn gegeben werden müssen, und was dergleichen mehr gerühmt wird. Es soll auch schade sein, daß die edle Menschenkraft, die sich hier in der Person des Hirten darstellt, auf eine so unwürdige und wenig einträgliche Weise vergeudet werde. Als ob es besser wäre, daß ein solcher Mann etwa dazu gebracht würde, das Contingent des arbeitslosen städtischen Fabrikproletariats zu vermehren, statt das freilich sehr bescheidene aber immerhin nützliche Amt des Gemeindehirten redlich zu besorgen, und dafür, wie das auf dem Lande so beiweitem leichter geht, von seinen Nebenmenschen mit dem Nothdürftigsten versehen zu werden! Ist denn aber überhaupt anzunehmen, daß die Stallfütterung, wenn sie zu ausschließlicher Herrschaft gelangt, sich wirklich auf die Dauer als vernünftig erweisen kann? Ist es denkbar, daß nicht allmählich eine Degeneration des Viehs eintreten sollte, wenn es gänzlich von der freien Luft abgeschnitten, Jahr aus Jahr ein im dumpfen Stall steht und liegt ohne seine Muskeln zu gebrauchen? Ist es denkbar, daß der Genuß des Fleisches, der Milch von solchem Vieh nicht ebenso allmählich auch auf den menschlichen Organismus nachtheilig einwirken muß? Die Natur wird schwerlich die Rache hier ausbleiben lassen, die sie überall nimmt, wo man ihren Geboten zuwider handelt. Nur daß die Rache im vorliegenden Fall sich freilich nicht an einzelnen Beispielen, kaum an den Erfahrungen großer Zeitläufte wird nachweisen lassen. Man hat es also bequem, Generationen hindurch darauf loszusündigen, bis die Hülfe zu spät kommt.

Wie stellt sich nun unsere bisherige Gesetzgebung zu diesen Dingen? Statt die Gemeinheitstheilungen im Interesse der Aermeren theils zu erschweren, theils unter manchen Verhältnissen, besonders in gebirgigen Gegenden, wo der Boden als Acker geringen Werth hat, gänzlich zu verbieten, befördert man sie nach Kräften, indem man die Entscheidung darüber ob getheilt werden soll, in die Hand der Meistbesitzenden legt, d. h. derjenigen, die jedenfalls den größesten, wenn nicht den alleinigen Vortheil aus der Umgestaltung zu ziehen hoffen dürfen. Und in wie energischer Weise werden die Forstablösungen von Seiten des Staats betrieben! Unter dem Vorgeben freilich und gewiß in der vollen Absicht, den Nationalwohlstand zu heben; aber ist nicht — Alles zugestanden, was der Staatskasse durch die Möglichkeit äußerster Ausnutzung des Bodens, Ersparung an Beamtenpersonal u. s. w. an Gewinn zufließen mag — die Rechnung dennoch im tiefsten Grunde falsch? Ist die Summe dieser materiellen Vortheile nicht schließlich ein Geringes gegenüber dem Schaden, der der ganzen socialen Entwickelung droht, wenn die Landbevölkerung mehr und mehr aufhört, sich verwachsen zu fühlen mit dem natürlichen Boden, wenn ihrem Zuströmen in die Großstädte damit Thor und Thür geöffnet wird?

Das Große, Dauernde, in der Stille Wirkende übersieht man über dem augenblicklich Auffälligen. Einen äußersten Schritt auf dieser Bahn versuchte der Entwurf des Feld- und Forstpolizeigesetzes in einigen Bestimmungen, wie er kürzlich dem Landtag zur Berathung vorlag. Es sollte den Armen künftighin verboten sein, Beeren und Pilze im Walde zu sammeln, und selbst das Betreten des Waldes wollte man von der Erlaubniß des Besitzers abhängig machen. Kein Vernünftiger wird wünschen, daß nicht der Waldeigenthümer als solcher den vollen Schutz der Gesetze genießen sollte. Mag jeder Frevel auf das Unnachsichtigste gestraft werden, mag man auch bemüht sein, durch Vorsichtsmaßregeln ihm vorzubeugen: hier aber handelt es sich um etwas Anderes. Der ideale Mitbesitz an Gottes Erde, der dem Menschen als Menschen gebührt, und der in der Freiheit, den Wald zu betreten, seinen schönsten Ausdruck findet, wird durch jene Gesetzesparagraphen stillschweigend streitig gemacht, und das ist ein Schnitt in das Herz des deutschen Volkes. Nicht unter der leidigen Rubrik des „harmlosen Spaziergängers" oder gar des „Touristen", — wie schwächlich und müßiggängerisch klingt das! — will ich im Walde „geduldet" sein; auch nicht das bekümmert mich, ob gewisse offizielle Naturschönheiten der Masse zum Zweck der Bewunderung zugänglich bleiben oder nicht: ich will das Recht haben, in der Welt und vor Allem in meiner Heimath da meinen Fuß hinzusetzen, da Lebens-Luft und -Lust zu athmen, wo mein Herz es begehrt, und ich meinem Nächsten weder schade, noch ihn im Genuß seiner Güter störe. Welch ein unerträgliches Gefühl, die Erde ansehen zu sollen als ein Conglomerat von Einzelbesitzthümern, die Welt versperrt denken zu müssen bis auf die Landstraße und die paar Stellen, die die Gnade Anderer für gut findet mir zum Erfrischungsaufenthalt anzuweisen! Der tiefe Sinn für Billigkeit, der den Germanen innewohnt, hat von jeher instinktmäßig in dem Begriff der „freien Natur" einen Ausgleich gefunden für die Nothwendigkeit der Kluft zwischen Besitzenden und Nichtbesitzenden, und man kann nichts Revolutionäreres thun, als hier den Spaten einsetzen, hier die uralten Wurzeln des Rechtsgefühls erschüttern und stören. Unbegreiflich, daß konservative Männer dies nicht erkennen wollen! Es ist der Socialdemokratie in die Hände gearbeitet, wenn man in solcher Weise die Gewissen gerade der Treusten und Bravsten im Volke verwirrt, wenn die Besitzenden in diesem Punkt sich ihrer Verbindlichkeit gegen die Nichtbesitzenden los und ledig erklären wollen. Man sehe sich doch zehn Mal vor, ehe man es unternimmt, einen gesellschaftlichen Zustand und die unmittelbare Lebensempfindung, die aus ihm für den Einzelnen wie für die Gesammtheit entspringt, zu zerstören; man vernichtet damit etwas Unersetzliches, einen Hort schaffender Kräfte, dem gegenüber ein ganzes Bündel von Einzelvortheilen noch nicht in die Wagschale fallen darf.

Den Armen auf dem Lande nimmt man Alles, was ihnen die Heimath lieb machen kann, lockert jedes feste Band, das sie an die Scholle bindet, sorgt dafür, daß die Erde allen Schmuckes, aller Anmuth baar, das Land und das Vieh zur Waare, der Bauer zum Speculanten werde, und treibt sie so endlich in die Städte, damit sie hier zu Proletariern, d. h. zu wahrhaft Elenden werden; — die Städter aber schleppt man auf das Land. Statt dessen sollte man nicht nur aufhören, jenen das Leben draußen zu verkümmern, sondern umgekehrt diesen etwas Seßhafteres dadurch zu geben versuchen, daß man die städtischen Anlagen weitläuftiger gestaltete, statt der Miethskasernen mehr und mehr kleine einzelne Häuser baute, und, wenn auch nur in Gestalt eines Gartens, ein Stück Natur Jedem in unmittelbare Nähe rückte, so daß das Gift der Atmosphäre ihn nicht allein schon zwingen dürfte, sein Heil fortwährend in der Ferne zu suchen. In der Fürsorge für solch ein kleines Fleckchen Erde würde er lernen, die Natur wahrer zu verstehen, als wenn er sie nur von Sonntagsausflügen her kennt. Um aber etwas derartiges überhaupt zu ermöglichen, ließe sich die Menge billiger und rascher Verkehrsmittel, die die Gegenwart in Schwung gebracht hat, vortrefflich verwerthen.

In dem innigen und tiefen Gefühl für die Natur liegen recht eigentlich die Wurzeln des germanischen Wesens. Was unsere Urväter in Wodans heilige Eichenhaine bannte, was in den Sagen des Mittelalters, in den Gestalten der Melusine, des Dornröschen lebt, was in den Liedern Walters von der Vogelweide anklingt, um dann in neuer ungeahnter Fülle in Goethes oder Eichendorffs Lyrik, endlich in der eigenartigsten Offenbarung des deutschen Genius, in unserer herrlichen Musik wieder hervorzubrechen: immer ist es derselbe Grundton, derselbe tiefe Zug der Seele zu den wundervollen und unergründlichen Geheimnissen der Natur, der aus diesen Aeußerungen des Volksgemüths spricht. Ist es nicht, als wenn ein böser Dämon uns triebe, in der Jagd nach den Phantomen des Glanzes und des Genusses dies Allerheiligste, das uns gleichsam das Leben gegeben, zu zertreten, den Born zu verschütten, aus dem wir immer wieder verjüngenden Trank schöpfen konnten? Wer mag von national-ökonomischen Vortheilen hören, der weiß, daß sie um solchen Preis erkauft sind, daß um ihretwillen die Keime zerstört werden, aus denen frisches geistiges Leben erblühen kann! —

Im alten Hellas sorgte der Staat auf dem Gebiet, das damals im Mittelpunkt des idealen Interesse lag, dafür, daß alles Häßliche unterdrückt werde. Wenn es bei der Vielgestaltigkeit unserer modernen Existenz auch freilich unmöglich sein würde, in umfassendem Maß eine derartige Zucht von oben herab auszuüben, irgend ein öffentlicher Schutz für das in unserem Sinne Schöne müßte geschaffen werden. Und so möge denn ein erster, wenn auch kleiner Schritt in dieser Richtung darin begrüßt werden dürfen, daß man einem Unternehmen, wie es die projectirte Drachenfels-Eisenbahn ist, einem Unternehmen, das zu seiner Rechtfertigung kein anderes Motiv, als das der nackten Spekulation anzuführen vermag, die nachgesuchte Concession verweigert.

www.ingramcontent.com/pod-product-compliance
Lightning Source LLC
LaVergne TN
LVHW091733021026
849161LV00003BB/601
9783112664735